RÉSOLUTION GÉNÉRALE

DES ÉQUATIONS

DE TOUS LES DEGRÉS;

Par HOËNÉ WRONSKI.

Dédiée à la Pologne, ancienne patrie de l'Auteur.

,,,,,,,,,,,,,,,,,,,,

IMPRIMERIE DE H. L. PERRONNEAU.

PARIS,

J. KLOSTERMANN fils, Libraire de l'École
Impériale Polytechnique, rue du Jardinet, n°. 13.

M. DCCC. XII.

« LA solution générale des équations algébriques ne va pas au-delà du quatrième
« degré. Les moyens les plus ingénieux, employés par les plus grands analystes,
« pour résoudre généralement les équations algébriques d'un degré supérieur au
« quatrième, n'ont servi qu'à rendre la question plus compliquée : les plus heureux
« de tous ces essais ont été encore ceux qui, après de longs et d'inutiles détours,
« ont ramené leurs auteurs au point dont ils étaient partis. La raison de ce défaut
« absolu de succès, n'est pas même encore connue : et l'on ne peut assurer, si
« le problème renferme en lui-même quelque condition inconnue, mais impossible
« à remplir; ou si, sans surpasser les forces de l'analyse en général, elle surpasse
« seulement celles de la nôtre, et si quelque géomètre des siècles à venir réussira
« peut-être à vaincre une difficulté qui jusqu'ici a paru insurmontable. »

(*Arithmétique universelle de Kramp*, n°. 96,
pag. 70, publiée en 1808.)

RÉSOLUTION GÉNÉRALE
DES ÉQUATIONS
DE TOUS LES DEGRÉS.

La solution de ce fameux problème est attendue depuis si longtems, que nous croyons faire plaisir aux géomètres en leur communiquant au plutôt les résultats complets qu'elle présente, avant même que le tems nécessaire pour l'impression, nous permette de faire connaître la théorie entière de cette grande question. — C'est-là le but de cet opuscule.

Soit l'équation générale . . . . . . (1)

$$0 = A_0 + A_1 x + A_2 x^2 + A_3 x^3 \ldots + A_m x^m$$

d'un degré quelconque m. Désignons par . . . (2)

$$x_1, \quad x_2, \quad x_3, \ldots x_m,$$

les m racines de cette équation ; et par . . . (3)

$$\xi_1, \quad \xi_2, \quad \xi_3, \ldots \xi_{m-1},$$

$(m-1)$ quantités formant les parties constituantes de ces racines, de la manière que nous indiquerons ci-après.

C'est la détermination générale des racines x_1, x_2, x_3, etc., qui est le grand but du problème, et c'est la connaissance des quantités ξ_1, ξ_2, ξ_3, etc., constituant les parties des premières, qui nous conduira à ce but. — Commençons donc par la détermination des quantités ξ_1, ξ_2, ξ_3, etc.

Soient $(m-1)$ autres quantités p_1, p_2, p_3, ... p_{n-1}, formant respectivement les exposans des puissances $\xi_1^{r_1}$, $\xi_2^{r_2}$, $\xi_3^{r_3}$, ... $\xi_{i-1}^{p_{n-1}}$; et soit $\omega = m^{n-2}$. Construisons, avec les puissances précédentes, une suite de ω fonctions ... (4)

$$\Xi_1, \; \Xi_2, \; \Xi_3, \;.... \; \text{jusqu'à } \Xi_\nu,$$

d'après l'expression générale .... (5)

$$\Xi_\mu = A_\mu \left\{ \frac{\xi_1^{r_1} . \xi_2^{r_2} . \xi_3^{r_3} \ldots \xi_{i-1}^{p_{n-1}}}{{}_1{}^{mp_1|1} . {}_1{}^{mp_2|1} . {}_1{}^{mp_3|1} . \ldots {}_1{}^{mp_{n-1}|1}} \right\},$$

dans laquelle A_μ désigne l'agrégat des termes correspondans à toutes les valeurs entières et positives, ou zéro, des quantités p_1, p_2, p_3 ... p_{n-1} qui peuvent satisfaire à l'équation ... (6)

$$\mu = p_1 + p_2 + p_3 \ldots + p_{n-1},$$

μ étant un quelconque des indices des fonctions Ξ_1, Ξ_2, Ξ_3, etc. dont il s'agit. — Quant aux quantités ... (7)

$$, {}_1{}^{mp_1|1}, \; {}_1{}^{mp_2|1}, \; {}_1{}^{mp_3|1}, \ldots {}_1{}^{mp_{n-1}|1},$$

dont le produit est le dénominateur de l'expression générale (5), ce sont les *factorielles* de Kramp ou d'Arbogast. Comme cette espèce de fonctions algorithmiques paraît être peu connue encore des géomètres, nous prévenons qu'elle constitue généralement les fonctions suivantes :

$$\alpha^{1|\beta} = \alpha$$
$$\alpha^{2|\beta} = \alpha . (\alpha + \beta)$$
$$\alpha^{3|\beta} = \alpha \, (\alpha + \beta) . (\alpha + 2\beta)$$
$$. \; . \; . \; . \; . \; . \; . \; . \; . \; . \; .$$
$$\alpha^{\mu|\beta} = \alpha . (\alpha + \beta) . (\alpha + 2\beta) . (\alpha + 3\beta) \ldots (\alpha + (\mu - 1)\beta),$$

la base a et l'accroissement β étant des quantités quelconques. Lorsque l'exposant μ est zéro, on a toujours $x^{0\beta} = 1$. D'après cette génération, les factorielles (7), considérées pour un exposant quelconque mp_q qui diffère de zéro, sont :

$$1^{mp_q.|1} = 1.2.3.4 \ldots (mp_q - 2)(mp_q - 1).mp_q;$$

et lorsque $p_q = 0$, on a $1^{mp_q.|1} = 1$.

Voici un exemple de la formation des fonctions $\Xi_1, \Xi_2, \Xi_3,$ etc. dont il est question. — Pour l'équation du quatrième degré, où $m = 4$, on aura $\omega = m^{m-1} = 16$. Ainsi, il faudra construire les seize quantités $\Xi_1, \Xi_2, \Xi_3, \ldots \Xi_{16}$, d'après la formule. . . (5)'

$$\Xi_\mu = A_\mu \left\{ \frac{\xi_1^{p_1} . \xi_2^{p_2} . \xi_3^{p_3}}{1^{4p_1.|1} . 1^{4p_2.|1} . 1^{4p_3.|1}} \right\},$$

A_μ désignant l'agrégat des termes correspondans à toutes les valeurs entières et positives, ou zéro, des trois quantités p_1, p_2, p_3 qui peuvent satisfaire à l'équation. . . (6)'

$$\mu = p_1 + p_2 + p_3.$$

Contentons-nous ici de déterminer cet agrégat pour l'indice 2. Dans ce cas, l'équation auxiliaire (6)' est

$$2 = p_1 + p_2 + p_3;$$

et elle admet les six solutions suivantes :

$$2 = 2 + 0 + 0, \quad 2 = 0 + 2 + 0, \quad 2 = 0 + 0 + 2,$$
$$2 = 1 + 1 + 0, \quad 2 = 1 + 0 + 1, \quad 2 = 0 + 1 + 1.$$

Ainsi, donnant successivement ces valeurs aux quantités p_1, p_2, p_3, la formule (5)' fera obtenir la fonction

$$\Xi_2 = \frac{1}{1^{8|1}} (\xi_1^2 + \xi_2^2 + \xi_3^2) + \frac{1}{1^{4|1} . 1^{4|1}} (\xi_1 \xi_2 + \xi_1 \xi_3 + \xi_2 \xi_3).$$

Ayant construit de cette manière les ω ou m^{n-1} fonctions Ξ_1, Ξ_2, Ξ_3, ... Ξ_ω, on formera avec elles, par les procédés suivans, l'un des élémens des équations fondamentales qui donneront les quantités ξ_1, ξ_2, ξ_3, etc. en question.

D'abord, on formera les quantités constantes. . . . (8)

$$1^{(m-1)|t} = M_1, \quad 1^{(2m-1)|t} = M_2, \quad 1^{(3m-1)|t} = M_3, \text{ etc. ;}$$

et généralement

$$1^{(\mu m-1)|t} = M_\mu,$$

μ étant un nombre entier et positif, entre 1 et ω inclusivement. De plus, prenant une suite de ω quantités q_1, q_2, q_3, ... q_ω, on formera l'équation indéterminée . . . . (9)

$$\lambda = q_1 + 2q_2 + 3q_3 + 4q_4 \ldots + \omega q_\omega,$$

λ étant encore un nombre entier et positif, entre 1 et ω inclusivement; et l'on fera. . . . (10)

$$k = q_1 + q_2 + q_3 \ldots + q_\omega.$$

Ces quantités auxiliaires étant formées, on construira, avec elles et avec les fonctions (4) déterminées plus haut, une suite nouvelle de ω fonctions . . . (11)

$$\Omega_m, \quad \Omega_{2m}, \quad \Omega_{3m}, \ldots \Omega_{\omega m},$$

d'après l'expression générale . . . (12)

$$\Omega_{\lambda m} = (-1)^{\lambda m} \cdot A_\lambda \left\{ \frac{(-\omega m)^k \cdot (M_1 \Xi_1)^{q_1} \cdot (M_2 \Xi_2)^{q_2} \cdot (M_3 \Xi_3)^{q_3} \ldots (M_\omega \Xi_\omega)^{q_\omega}}{1^{q_1|t} \cdot 1^{q_2|t} \cdot 1^{q_3|t} \ldots 1^{q_\omega|t}} \right\},$$

A_λ désignant ici l'agrégat des termes correspondans à toutes les valeurs entières et positives, ou zéro, des quantités q_1, q_2, q_3, ... q_ω, qui satisfont à l'équation indéterminée (9).

Par exemple, pour l'équation du cinquième degré, où $m = 5$, et

$\nu = m^{m-2} = 125$, et pour l'indice $\lambda = 4$, l'équation indéterminée (9)
sera . . . (9)'

$$4 = q_1 + 2q_2 + 5q_3 + 4q_4 \ldots + 125q_{111},$$

et elle n'admettra que les cinq solutions suivantes :

$$4 = 0 + 2.0 + 3.0 + 4.1, \qquad 4 = 2 + 2.1 + 3.0 + 4.0,$$
$$4 = 0 + 2.2 + 3.0 + 4.0, \qquad 4 = 4 + 2.0 + 3.0 + 4.0,$$
$$4 = 1 + 2.0 + 3.1 + 4.0,$$

Prenant donc successivement ces valeurs pour q_1, q_2, q_3 et q_4, et
construisant les quantités M_1, M_2, M_3, etc. et k, d'après les
formules (8) et (10), l'expression générale (12) fera obtenir la
fonction

$$\Omega_4 = 5^{16}.(1^{11})^3.\Xi_1^4 - \tfrac{1}{4}.5^{11}.(1^{11})^2.1^{11}.\Xi_1^2.\Xi_2 + 5^6.1^{11}.1^{11}.\Xi_1.\Xi_3$$
$$+ \tfrac{1}{4}.5^6.(1^{11})^2.\Xi_2^2 - 5^1.1^{11}.\Xi_4.$$

En examinant la nature des quantités Ξ_1, Ξ_2, Ξ_3, etc., dans leur
expression générale (5), on verra qu'elles forment des fonctions symétriques des quantités ξ_1, ξ_2, ξ_3, etc., constituant les parties des racines (2)
de l'équation proposée. Ainsi, les ω quantités Ω_n, Ω_{2n}, Ω_{3n}, etc.,
dont nous venons d'indiquer la construction, seront aussi des fonc-
tions symétriques des quantités ξ_1, ξ_2, ξ_3, etc. en question. Or,
ces fonctions Ω_n, Ω_{2n}, Ω_{3n}, etc. qui sont encore indépendantes
des racines de l'équation qu'on a à résoudre, et qui ne reçoivent
leur détermination que par la nature propre des quantités ξ_1, ξ_2, ξ_3, etc.,
forment un des ÉLÉMENS des équations fondamentales qui feront con-
naître ces dernières quantités. — Voici l'autre de ces élémens.

Concevons qu'on forme, avec les racines x_1, x_2, x_3, . . . x_n de
l'équation proposée (1), le polynome

$$X_n = x_1 + x_2 + x_3 \ldots + x_n;$$

et que, prenant la puissance μ de ce polynome, on remplace, par l'unité, tous les coefficiens du développement de cette puissance. On aura, de cette manière, les fonctions que nous nommons *alephs* dans notre *Philosophie des Mathématiques* (pag. 65), et que nous désignons ainsi :

$$ \aleph\,[\,x_1 + x_2 + x_3 \ldots + x_n\,]^m\,; $$

de sorte que, par exemple, pour $m = 3$, on aura

$$ \aleph[X_3]^1 = x_1 + x_2 + x_3 , $$
$$ \aleph[X_3]^2 = x_1^2 + x_2^2 + x_3^2 + x_1 x_2 + x_1 x_3 + x_2 x_3 , $$
$$ \aleph[X_3]^3 = x_1^3 + x_2^3 + x_3^3 + x_1^2 x_2 + x_1 x_2^2 + x_1^2 x_3 + x_1 x_3^2 $$
$$ + x_2^2 x_3 + x_2 x_3^2 + x_1 x_2 x_3 , $$

etc., etc.

Vu le principe de la formation de ces quantités, on conçoit qu'elles sont des fonctions symétriques des racines x_1, x_2, x_3, ... x_n de l'équation (1) qu'on a à résoudre, et par conséquent qu'elles peuvent être exprimées au moyen des coefficiens de cette équation, à l'aide de la théorie connue des fonctions symétriques des racines des équations. Par exemple, pour l'équation du cinquième degré

$$ 0 = A_0 + A_1 x + A_2 x^2 + A_3 x^3 + A_4 x^4 + A_5 x^5 , $$

en y supposant $A_5 = 1$, on aura

$$ \aleph[X_5]^1 = - A_4 , $$
$$ \aleph[X_5]^2 = + A_4^2 - A_3 , $$
$$ \aleph[X_5]^3 = - A_4^3 + 2A_4 A_3 - A_2 , $$
$$ \aleph[X_5]^4 = + A_4^4 - 3A_4^2 A_3 + 2A_4 A_2 + A_3^2 - A_1 , $$

etc., etc.

Il nous reste seulement à remarquer que lorsque l'exposant de ces fonctions est zéro, elles sont égales à l'unité, et que lorsque
l'exposant

l'exposant est négatif, elles sont toujours égales à zéro; c'est-à-dire qu'on a généralement :

$$\aleph[X_n]^0 = 1, \quad \text{et} \quad \aleph[X_n]^{-c} = 0.$$

Or, en construisant vm ou m^{n-1} de ces fonctions des coefficiens de l'équation proposée, savoir . . . (13)

$$\aleph[X_n]^1, \; \aleph[X_n]^2, \; \aleph[X_n]^3, \; \ldots \; \text{jusqu'à} \; \aleph[X_n]^{vm},$$

que nous désignerons simplement ainsi :

$$\aleph_1, \; \aleph_2, \; \aleph_3, \; \ldots \; \text{jusqu'à} \; \aleph_{vm},$$

ce seront là les quantités formant le second élément des équations fondamentales qui donneront les quantités $\xi_1, \xi_2, \xi_3,$ etc., dont il est question.

Avant de procéder à ces équations, pour lesquelles nous avons déterminé les deux élémens Ω et $\aleph$; (11) et (13), nous devons remarquer que, dans l'équation proposée (1), le coefficient A_n est toujours supposé égal à l'unité, et le coefficient A_{n-1} égal à zéro, suivant l'usage de rendre égal à zéro ce que l'on nomme le second terme de l'équation; et c'est à cette forme de l'équation générale (1) que correspondent toutes les formules que nous donnons. — Nous aurions pu conserver le coefficient A_{n-1} dans toute sa généralité, mais les résultats seraient devenus beaucoup plus prolixes que ne le mérite cette généralisation, qui d'ailleurs ne présente aucun avantage.

Maintenant, si l'on forme la quantité

$$n = m(v-1) = m(m^{n-1}-1),$$

et si l'on réunit les deux élémens (11) et (13), on aura, entre ces élémens, les m équations suivantes . . . (14)

$$0 = N_{n+1} . \Omega_0 - N_n . \Omega_1 + N_{n-1} . \Omega_2 - N_{n-2} . \Omega_3 + \text{etc.}$$

$$0 = N_{n+2} . \Omega_0 - N_{n+1} . \Omega_1 + N_n . \Omega_2 - N_{n-1} . \Omega_3 + \text{etc.}$$

$$0 = N_{n+3} . \Omega_0 - N_{n+2} . \Omega_1 + N_{n+1} . \Omega_2 - N_n . \Omega_3 + \text{etc.}$$

. . . .

$$0 = N_{n+n} . \Omega_0 - N_{n+n-1} . \Omega_1 + N_{n+n-2} . \Omega_2 - N_{n+n-3} . \Omega_3 + \text{etc.},$$

en observant qu'en vertu de l'expression générale (12), on a toujours $\Omega_0 = 1$, et que toutes celles des quantités Ω_1, Ω_2, Ω_3, etc., dont les indices 1, 2, 3, etc. ne sont pas multiples de m, doivent être considérées comme zéros.

Telles sont les ÉQUATIONS FONDAMENTALES du grand problème que nous traitons. — Ces équations contiennent, dans les quantités Ω_m, Ω_{2m}, Ω_{3m}, etc., des fonctions symétriques des parties constituantes ξ_1, ξ_2, ξ_3, etc. des racines de l'équation proposée (1), et dans les quantités N_1, N_2, N_3, etc., des fonctions des coefficiens A_0, A_1, A_2, etc. de cette équation; et elles établissent, entre ces quantités, leur relation primitive ou absolue.

Or, le nombre des équations (14) étant m, et celui des quantités $\xi_1, \xi_2, \xi_3, \ldots \xi_{m-1}$, n'étant que $(m-1)$, on voit qu'en éliminant, entre ces équations, $(m-2)$ de ces dernières quantités, on parviendra à deux équations . . . (15)

$$0 = P_0 + P_1 . \xi + P_2 . \xi^2 + P_3 . \xi^3 + \text{etc.},$$

$$0 = Q_0 + Q_1 . \xi + Q_2 . \xi^2 + Q_3 . \xi^3 + \text{etc.},$$

contenant chacune une des $(m-1)$ quantités $\xi_1, \xi_2, \xi_3, \ldots \xi_{m-1}$, dont il s'agit. Nous désignons ici généralement par ξ celle de ces $(m-1)$ quantités, qui sera contenue dans les deux équations finales (15).

Prenant alors le diviseur commun le plus grand de ces deux équations finales, on obtiendra une équation réduite . . . (16)

$$0 = Y_0 + Y_1 . \xi + Y_2 . \xi^2 \ldots + Y_{n-2} . \xi^{n-2} + Y_{n-1} . \xi^{n-1},$$

qui sera du degré $(m-1)$; et observant que les $(m-1)$ quantités $\xi_1, \xi_2, \xi_3, \ldots \xi_{m-1}$, entrent d'une manière symétrique dans les équations fondamentales (14), on comprendra que les $(m-1)$ racines de l'équation réduite (16), seront immédiatement les valeurs des $(m-1)$ quantités ξ_1, ξ_2, ξ_3, etc. qui sont en question.

Ayant ainsi obtenu ces $(m-1)$ parties constituantes (3) des racines $x_1, x_2, x_3, \ldots x_n$ de l'équation proposée (1), il ne reste qu'à former ces dernières au moyen des premières; et cette construction ne présente plus aucune difficulté. — La voici.

Soient $\rho_1, \rho_2, \rho_3, \ldots \rho_n$ les m racines de l'unité, ou comme on dit communément les m racines de l'équation $z^m - 1 = 0$, considérées expressément dans l'ordre dans lequel elles se trouvent données par la formule ... (17)

$$\rho_\mu = \cos\left(\tfrac{\mu}{m}.\pi\right) + \sqrt{-1} \, . \, \sin\left(\tfrac{\mu}{m}.\pi\right),$$

π étant le nombre philosophique qui réduit à l'unité la fonction $e^{\pi\sqrt{-1}}$ dans laquelle e est la base des logarithmes naturels, ou, pour parler un langage moins philosophique, π étant le rapport de la circonférence du cercle à son rayon. Alors, les m racines de l'équation proposée (1), seront ... (18)

$$x_1 = \rho_1 . \sqrt[n]{\xi_1} + \rho_1^2 . \sqrt[n]{\xi_2} + \rho_1^3 . \sqrt[n]{\xi_3} \ldots + \rho_1^{n-1} . \sqrt[n]{\xi_{n-1}},$$

$$x_2 = \rho_2 . \sqrt[n]{\xi_1} + \rho_2^2 . \sqrt[n]{\xi_2} + \rho_2^3 . \sqrt[n]{\xi_3} \ldots + \rho_2^{n-1} . \sqrt[n]{\xi_{n-1}},$$

$$x_3 = \rho_3 . \sqrt[n]{\xi_1} + \rho_3^2 . \sqrt[n]{\xi_2} + \rho_3^3 . \sqrt[n]{\xi_3} \ldots + \rho_3^{n-1} . \sqrt[n]{\xi_{n-1}},$$

$$\cdots\cdots\cdots\cdots\cdots\cdots\cdots\cdots\cdots\cdots$$

$$x_n = \rho_n . \sqrt[n]{\xi_1} + \rho_n^2 . \sqrt[n]{\xi_2} + \rho_n^3 . \sqrt[n]{\xi_3} \ldots + \rho_n^{n-1} . \sqrt[n]{\xi_{n-1}},$$

en ayant soin très-expressément de prendre respectivement pour les quantités ξ_1, ξ_2, ξ_3, etc., celles des $(m-1)$ racines de l'équation réduite (16), qui se trouvent formées successivement, suivant l'ordre que nous venons de prescrire pour la construction précédente des racines x_1, x_2, x_3, etc.; ordre qui établit une différence essentielle entre ces racines, et les fait distinguer quant à leur génération algorithmique.

Telle est la solution générale du fameux problème qui nous occupe. — Toutes les expressions algorithmiques qui entrent dans cette solution, sont absolues ou indépendantes; circonstance qui donne la dernière perfection desirable à la théorie de cette grande question. Mais, quelque précieux que soit, pour la dignité même de la science, ce dernier degré de perfection auquel nous avons pu porter la théorie de la résolution générale des équations, l'indépendance des différentes formules ou expressions algorithmiques, exigerait des calculs trop prolixes dans l'application; et il nous reste, pour cette dernière fin, à remplacer ces formules absolues par des formules relatives qu'on puisse calculer les unes au moyen des autres. — Les voici.

D'abord, l'expression générale (12) des quantités Ω formant l'un des élémens des équations fondamentales (14), peut être mise sous la forme ... (19)

$$(-1)^{\lambda(n+1)} \cdot \Omega_{\lambda n} =$$

$$(-1)^{\lambda} \cdot A_\lambda \left\{ \frac{(-1)^{\lambda} \cdot (\omega \cdot 1^{n'} \cdot \Xi_1)^{f_1} \cdot (\omega \cdot 1^{2n'} \cdot \Xi_2)^{f_2} \cdot (\omega \cdot 1^{3n'} \cdot \Xi_3)^{f_3} \cdots (\omega \cdot 1^{\omega n'} \cdot \Xi_\omega)^{f_\omega}}{(1^{f_1} \cdot 2^{f_2} \cdot 3^{f_3} \cdots \omega^{f_\omega}) \cdot (1^{f_1'} \cdot 1^{f_2'} \cdot 1^{f_3'} \cdots 1^{f_\omega'})} \right\};$$

et alors, si l'on considère les quantités $(\omega \cdot 1^{n'} \cdot \Xi_1)$, $(\omega \cdot 1^{2n'} \cdot \Xi_2)$, $(\omega \cdot 1^{3n'} \cdot \Xi_3)$, etc. comme étant respectivement les sommes des premières, secondes, troisièmes, etc. puissances de certaines bases α, β, γ, δ, etc., la formule précédente (19) sera, comme on sait, l'expression générale de la somme des produits combinatoires pris sur λ de ces bases. Ainsi, si l'on fait ... (20)

$$S_1 = \omega \cdot 1^{n'} \cdot \Xi_1, \quad S_2 = \omega \cdot 1^{2n'} \cdot \Xi_2, \quad S_3 = \omega \cdot 1^{3n'} \cdot \Xi_3; \ldots$$

et généralement

$$S_\mu = \omega.1^{\mu\lambda}.\Xi_\mu,$$

et si l'on désigne par T_1, T_2, T_3, etc. les sommes des produits combinatoires pris respectivement sur une, deux, trois, etc. des bases
α, β, γ, δ, etc., on aura d'abord, en vertu des formules de Newton,
les valeurs . . . (21)

$$T_1 = S_1$$
$$T_2 = \tfrac{1}{2}\{S_1 T_1 - S_2\}$$
$$T_3 = \tfrac{1}{3}\{S_1 T_2 - S_2 T_1 + S_3\}$$
$$T_4 = \tfrac{1}{4}\{S_1 T_3 - S_2 T_2 + S_3 T_1 - S_4\}$$

etc., etc.;

et ensuite, en vertu de la formule (19), l'égalité $(-1)^{\lambda(n+1)}.\Omega_{\lambda n} = T_\lambda$,
qui donne . . . (22)

$$\Omega_{\lambda n} = (-1)^{\lambda(n+1)}.T_\lambda.$$

En second lieu, les fonctions alephs formant le second élément
des équations fondamentales (14), peuvent de même être calculées
avec facilité les unes au moyen des autres. En effet, on a vu dans
la *Philosophie des Mathématiques* (pag. 144 et 145), sous la marque
(*dg*), que ces fonctions peuvent être exprimées successivement les
unes par les autres, et par les coefficiens de l'équation dont les
racines, prises négativement, sont les élémens de ces fonctions.
Ainsi, il suffira de changer les signes des coefficiens des termes qu'on
nomme pairs, dans l'équation (*df*) à laquelle se rapportent les formules
que nous venons de citer; et l'on trouvera, pour le cas présent,
les expressions suivantes. . . . . (23)

$$\aleph_1 = \aleph[X_n]^1 = -A_{n-1},$$
$$\aleph_2 = \aleph[X_n]^2 = -A_{n-1}.\aleph_1 - A_{n-1},$$
$$\aleph_3 = \aleph[X_n]^3 = -A_{n-1}.\aleph_2 - A_{n-2}.\aleph_1 - A_{n-3},$$

etc., etc.; et généralement

$$\aleph_\mu = \aleph[X_n]^\mu = -A_{n-1}.\aleph_{\mu-1} - A_{n-2}.\aleph_{\mu-2} - A_{n-3}.\aleph_{\mu-3}$$
$$- A_{n-4}.\aleph_{\mu-4} - \text{etc.}$$

En troisième et dernier lieu, l'élimination des quantités ξ_1, ξ_2, ξ_3, etc. des équations fondamentales (14), a pour but d'arriver à l'équation réduite (16) dont les racines sont les $(m-1)$ quantités ξ_1, ξ_2, ξ_3, ... ξ_{m-1}. Ainsi, toute cette opération, qui constitue le procédé absolu, se réduit à connaître les $(m-1)$ coefficiens Y_0, Y_1, Y_2, ... Y_{m-1} de l'équation (16) en question, où l'on suppose que le coefficient Y_{m-1} du dernier terme est égal à l'unité; et par conséquent, en observant que les quantités ξ_1, ξ_2, ξ_3, etc. entrent d'une manière symétrique dans les équations fondamentales (14), et nommément dans les fonctions Ω_n, Ω_{2n}, Ω_{3n}, etc., ou même primitivement dans l'expression générale (5) des quantités Ξ_1, Ξ_2, Ξ_3, etc. dont sont formées les fonctions Ω, on peut, par un procédé relatif, exprimer les fonctions symétriques de la formule générale (5) au moyen des coefficiens Y_0, Y_1, Y_2, etc. de l'équation (16). Alors, les équations fondamentales (14), au lieu de contenir les inconnues ξ_1, ξ_2, ξ_3, etc., contiendront, à leur place, les $(m-1)$ inconnues Y_0, Y_1, Y_2, etc.; circonstance qui simplifiera considérablement ces équations, et par suite, les opérations de l'élimination dont il s'agit. De cette manière, les deux équations finales (15) contiendront chacune l'une des nouvelles inconnues Y_0, Y_1, Y_2, etc.; et leur diviseur commun le plus grand donnera, à chaque fois, une équation du premier degré.

****

Quant à l'application de ces différens procédés, tout le monde pourra la faire facilement : en effet, vu la détermination très-précise et très-complette des formules que nous venons de présenter,

il ne reste, dans leur application, qu'un travail purement mécanique.
— Nous nous bornerons donc ici aux observations suivantes.

Dans la résolution de l'équation du second degré, les termes
de la première des deux équations fondamentales que donneront
alors les équations générales (14), deviendront tous égaux à zéro,
parce que la seconde de ces équations suffit à elle seule pour la
détermination de la quantité ξ_1 dont il est question dans ce cas;
et cela par la raison que cette seconde équation ne surpasse pas le
premier degré (*). — Dans la résolution de l'équation du troisième
degré, la troisième des trois équations fondamentales que donnent
alors les équations générales (14), se trouve identique avec les deux
premières, parce que ces deux premières équations fondamentales
suffisent encore pour la détermination des deux quantités ξ_1 et ξ_2 dont
il est question dans ce cas; et cela par la raison que ces deux
premières équations donnent une équation réduite qui ne surpasse
pas le second degré. — Mais dans la résolution des équations des
degrés supérieurs au troisième, toutes les m équations fondamentales que donnent les équations générales (14), se trouvent différentes,
et elles sont toutes nécessaires à la question. Nous en verrons la
raison dans la théorie de cette résolution générale des équations;
ici, il nous suffira de remarquer que l'équation du quatrième degré
n'est point encore résolue sous la véritable forme primitive de ses
racines, telle que nous l'avons indiquée plus haut (18) pour toutes
les équations en général : sous cette forme primitive, la résolution
de l'équation du quatrième degré commençait à présenter les mêmes
difficultés que présente la résolution des équations des degrés supé-

(*) Il ne faut pas oublier que toutes les fonctions alephs à exposans négatifs
sont zéros, et que toutes les fonctions Ω dont les indices ne sont pas multiples
du degré de l'équation proposée, sont de même zéros. Il faut aussi se rappeler que
le coefficient A_{m-1} de l'équation qu'on résout, est supposé égal à zéro, c'est-à-
dire, comme on dit communément, que le second terme de cette équation est zéro.

rieurs, difficultés qu'on n'a pu surmonter jusqu'à ce jour ; et ce n'est que par deux circonstances accessoires, propres exclusivement à l'équation du quatrième degré, qu'on a évité ces difficultés générales, et qu'on a pu donner, de l'équation de ce degré, deux solutions particulières (*), purement accidentelles.

\\\

Telle est la résolution générale complète des équations de tous les degrés ; et de plus, nous prouverons rigoureusement que les procédés dont il s'agit, forment LA MÉTHODE PRIMITIVE DE CETTE RÉSOLUTION GÉNÉRALE. — Quant à la nature de la théorie qui nous a conduit à résoudre ce grand problème, les géomètres pourront, par anticipation, s'en former une idée d'après la nature des formules que nous venons de présenter ; ils pourront même facilement, en approfondissant ces formules, découvrir cette théorie toute entière, sur-tout en observant qu'elle dérive des principes nouveaux de notre *Philosophie des Mathématiques*, et nommément de la connaissance de la nature des racines, qui est le point capital de cette question, et qui a déjà été donnée dans la Philosophie que nous venons de nommer (**).

(*) De Bombelli ou de Descartes, et d'Euler.

(**) Cet ouvrage, qui a paru sous le titre d'*Introduction à la Philosophie des Mathématiques*, et qui est un extrait d'une *Philosophie complette des Sciences mathématiques*, ayant reçu, pendant l'impression, des limites plus étendues, on en a changé quelques-unes des premières feuilles, et l'Auteur prévient qu'il ne reconnaît pour bons que ceux des exemplaires qui portent :

1°. Sur la page 2, la note qui commence par les mots :

« *Nous devons observer ici*, etc. » ; et

2°. Sur la page 12, la formule

$$\mathfrak{U}^{\frac{1}{m}} = \left\{ \pm \left(\mathfrak{U}^{\frac{n}{p}} - 1 \right) \right\}^{\frac{1}{\mu\,n}} = \text{etc.}$$

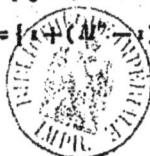

FIN.